U0333975

■ 优秀技术工人
百工百法丛书

祁磊
工作法

国产高速
卷烟机
接装质量提升改造

中华全国总工会 组织编写

祁 磊 著

🅑 中国工人出版社

技术工人队伍是支撑中国制造、中国创造的重要力量。我国工人阶级和广大劳动群众要大力弘扬劳模精神、劳动精神、工匠精神，适应当今世界科技革命和产业变革的需要，勤学苦练、深入钻研，勇于创新、敢为人先，不断提高技术技能水平，为推动高质量发展、实施制造强国战略、全面建设社会主义现代化国家贡献智慧和力量。

——习近平致首届大国工匠
创新交流大会的贺信

序

党的二十大擘画了全面建设社会主义现代化国家、全面推进中华民族伟大复兴的宏伟蓝图。要把宏伟蓝图变成美好现实，根本上要靠包括工人阶级在内的全体人民的劳动、创造、奉献，高质量发展更离不开一支高素质的技术工人队伍。

党中央高度重视弘扬工匠精神和培养大国工匠。习近平总书记专门致信祝贺首届大国工匠创新交流大会，特别强调"技术工人队伍是支撑中国制造、中国创造的重要力量"，要求工人阶级和广大劳动群众要"适应当今世界科技革命和产业变革的需要，勤学苦练、深入钻研，勇于创新、敢为人先，不断提高技术技能水平"。这些亲切关怀和殷殷厚望，激励鼓舞着亿万职工群众弘扬劳模精神、劳动精神、工匠精神，奋进新征程、建功新时代。

近年来，全国各级工会认真学习贯彻习近平总书记关于工人阶级和工会工作的重要论述，特别是关于产业工人队伍建设改革的重要指示和致首届大国工匠创新交流大会贺信的精神，进一步加大工匠技能人才的培养选树力度，叫响做实大国工匠品牌，不断提高广大职工的技术技能水平。以大国工匠为代表的一大批杰出技术工人，聚焦重大战略、重大工程、重大项目、重点产业，通过生产实践和技术创新活动，总结出先进的技能技法，产生了巨大的经济效益和社会效益。

深化群众性技术创新活动，开展先进操作

法总结、命名和推广，是《新时期产业工人队
伍建设改革方案》的主要举措。为落实全国总
工会党组书记处的指示和要求，中国工人出版
社和各全国产业工会、地方工会合作，精心推
出"优秀技术工人百工百法丛书"，在全国范围
内总结 100 种以工匠命名的解决生产一线现场
问题的先进工作法，同时运用现代信息技术手
段，同步生产视频课程、线上题库、工匠专区、
元宇宙工匠创新工作室等数字知识产品。这是
尊重技术工人首创精神的重要体现，是工会提
高职工技能素质和创新能力的有力做法，必将
带动各级工会先进操作法总结、命名和推广工
作形成热潮。

此次入选"优秀技术工人百工百法丛书"
作者群体的工匠人才，都是全国各行各业的杰
出技术工人代表。他们总结自己的技能、技法
和创新方法，著书立说、宣传推广，能让更多

人看到技术工人创造的经济社会价值，带动更多产业工人积极提高自身技术技能水平，更好地助力高质量发展。中小微企业对工匠人才的孵化培育能力要弱于大型企业，对技术技能的渴求更为迫切。优秀技术工人工作法的出版，以及相关数字衍生知识服务产品的推广，将对中小微企业的技术进步与快速发展起到推动作用。

当前，产业转型正日趋加快，广大职工对于技术技能水平提升的需求日益迫切。为职工群众创造更多学习最新技术技能的机会和条件，传播普及高效解决生产一线现场问题的工法、技法和创新方法，充分发挥工匠人才的"传帮带"作用，工会组织责无旁贷。希望各地工会能够总结、命名和推广更多大国工匠和优秀技术工人的先进工作法，培养更多适应经济结构优化和产业转型升级需求的高技能人才，为加

快建设一支知识型、技术型、创新型劳动者大
军发挥重要作用。

中华全国总工会兼职副主席、大国工匠

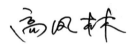

作者简介
About The
Author

祁磊

1975年出生，1993年参加工作，中共党员，陕西中烟工业有限责任公司宝鸡卷烟厂卷接修理班长，烟机修理高级技师、工程师，国家烟草专卖局首批认证行业高技能专家，中国工会十八大代表，陕西中烟"祁磊创新工作室"技术领衔人，曾获"全国劳动模范""三秦工匠"等荣誉和称号。

在陕西中烟卷包设备全面国产化进程中，祁

磊牵头改进的"蜘蛛手负压平衡系统""精简盘纸张力系统""蜘蛛手传送臂防渗油设计""调头轮快速矫正工装"等技术迅速提升了国产烟机关键部件的稳定性,使陕西中烟国产高速机群运行效率迅速跻身行业先进水平。

近年来,在粗支卷烟向中细支卷烟转型过程中,祁磊发明了消除滤嘴内烟末的"接装区域负压吸罩",推进了"激光打孔装置适应性改造"以及"防皱型捕烟轮套装"等技术攻关,满足了企业对中细支卷烟的个性化定制和质量提升要求,为企业节约生产成本、提升产品质量作出了巨大贡献。

术有专攻　学无止境
勇于创新　传承力量

郝磊

目　录
Contents

引　言
Introduction

　　伴随着我国制造业技术水平的提升，陕西中烟工业有限责任公司（简称陕西中烟）响应国家号召全面覆盖使用国产化烟机，并且利用企业相关技术力量不断提高设备生产效率和产品质量，使企业国产化烟机设备使用及维修技术水平在行业内处于领先地位，为消费者持续输出高质量烟支产品。

　　当前，消费者群体对烟草外观和品质要求日益提高。各生产加工企业不断进行技术改进，引进新工艺和新材料，提升卷烟品质，但是由于相应的理论实践基础欠缺，新产品质量问题层出不穷，消费者投诉案例也越来越多。

　　本书主要阐述的是针对 ZJ17、ZJ112、ZJ118 型国产高速卷烟机应对新型材料接装质量提升的一系列改造方法。通过对以往研究的综合分析，笔者发现烟草行业相关技术理论对于新型接装材料的应用研究目前处于起步阶段，对于新型接装材料的应用还没有系统性的科技文献。为此，笔者在保障自身烟支接装质量提升的基础上，为国内烟草行业提供一些借鉴思路，以期对烟草行业的新型接装材料的应用产生重要影响，为推动行业发展提供理论支持和实践指导。

第一讲

烟支表面皱褶的相关鼓轮改造

一、问题描述

近年来，随着烟草行业的快速发展，消费者对产品的要求不断提高，企业也不断提升产品质量标准，对烟支的要求已经从解决掉嘴、漏气等 A、B 类质量问题提升至外观等 C 类质量问题。

细支烟（ϕ5.4mm，统称细支烟）异军突起，其烟支较细且长度增加，导致表面皱褶现象较以前粗支烟（ϕ7.7mm，统称粗支烟）更为明显。这种表面皱褶现象（见图 1）不仅影响产品外观美感，更对消费者的体验造成了直接的负面影响。

为了解决细支烟表面皱褶的问题，笔者针对现有的捕烟鼓轮设备进行结构改造研究，并通过测试验证改造的可行性，以减少烟支表面皱褶的产生，从而提高产品质量。

图 1　烟支褶皱造成的质量缺陷

二、原因分析

我们可以不考虑卷烟机造成的烟支皱褶，因为卷烟机造成皱褶的部位非常有限。但接装机鼓轮众多，结构复杂，发生问题后不好判断原因，应该将其作为重点来考虑。

一般情况下，产生皱褶的原因主要有以下四点：

（1）鼓轮槽内有异物，如果保养不到位会导致鼓轮凹槽内烟末等杂物清理不干净，这是造成烟支表面皱褶的主要原因。而很多鼓轮凹槽保养相对困难，一旦有异物黏附在鼓轮槽内，就会导致烟支皱褶（见图2）。

图 2　鼓轮槽内异物会造成烟支皱褶

（2）鼓轮槽之间的同步位置错位，导致交接时挤压。在实际生产中，各单位都采取了科学的检修制度，会定期进行同步检查，因而这种现象一般较少。

（3）切纸鼓轮对烟支组有一个明显的压缩，压缩量为烟支直径 –1.5mm。当生产细支烟时，这个压缩量会对硬度较低的烟支产生不可逆的压痕，对此需要重点注意一下。

（4）检测鼓轮对单支烟有一个明显轴向压缩，压缩量一般为烟支长度 −1mm。当压缩量过大时，会引发烟支上已有的皱褶加重，因而需要定期进行检查，并确保检测嘴弹性一致。

然而，在实际生产中，如果生产细支卷烟，即便将接装机的全部鼓轮清理干净并正确调整鼓轮槽同步，仍然无法消除关键部位的环状皱纹。采用分段排除法进行多次检查后，我们发现了一个新的原因：当烟支布满整个设备流程时，由于鼓轮的风孔全部被遮挡，此时鼓轮的负压处于最大值，捕烟鼓轮槽上的烟支发生了明显的变形，并且产生了明显的皱褶，这些皱褶与工业生产中常见的材料变形类似［见图3（a）］。通过调整图片色阶，可明显看出鼓轮表面烟支出现大面积皱褶现象［见图3（b）］。

通过进一步分析发现，承烟槽表面开有贯通

型的风孔（见图4）。这些风孔均采用大面积的凹陷结构设计，目的是增大对烟支的吸附面积，从而保障烟支排列整齐。但是，这种大面积凹陷的轮槽结构会大大降低对烟支的支撑力（见图5），

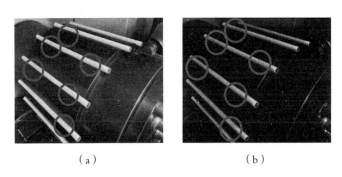

（a）　　　　　　　　　　（b）

图3　鼓轮表面烟支出现大面积皱褶现象

图4　大面积凹陷的轮槽设计

它在负压吸风的作用下，对烟支产生轴向力，使烟支出现向内弯曲的趋势，进而导致烟支表面皱褶现象的产生。

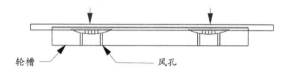

图 5　轮槽凹陷导致烟条在关键部位受力变形

综上所述，烟支表面皱褶现象主要是由鼓轮大面积凹陷的轮槽设计造成的。

三、鼓轮结构改进设计

接装机存在类似结构的鼓轮有 3 个，分别是：捕烟鼓轮、搓烟鼓轮、最终输出过烟轮。通过以上对烟支表面皱褶现象的原因分析，我们以捕烟鼓轮为例，拟将捕烟鼓轮的承烟槽风孔改为正常的圆形孔，使一个承烟槽内均匀分布 5 个圆形孔

（见图6）。同时取消大面积凹陷的轮槽结构，改为贯通式承烟槽，以增大承烟槽底板与烟支的接触面积，从而减少原结构所致的形变。如图7所示，左侧为捕烟鼓轮改进前的承烟槽结构，右侧为改进设计后的承烟槽结构。

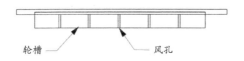

图 6 轮槽风孔布局设计图

图 7 轮槽设计改进前后对比图

经过多次试验验证，捕烟鼓轮结构改进后的烟支表面褶皱程度明显降低，效果良好。但我们也发现烟支在运行过程中不可避免地会出现左右波动的现象，这就导致烟支在进入第一分切轮时，浮圈会对烟支有一个收拢的过程。当烟支排列不整齐时，浮圈对烟支的收拢力就会增大，进而导致烟支表面产生皱纹。

为此，我们为捕烟鼓轮设计了一套调节导轨（见图8），使原本仅仅依靠第一分切轮浮圈对烟支收紧的双倍长烟支，提前通过导轨进行轻微修正，以减少第一分切轮浮圈对烟支的收拢力，使烟支的对正过程更加柔和，从而降低烟支表面皱褶。

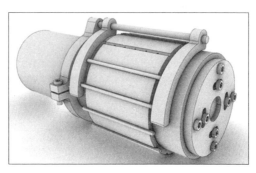

图 8　增加调节导轨的捕烟鼓轮

四、实施效果

经过多次试验，结果证明我们的设计方案是有效可行的，其最终安装效果见图9。

图9　捕烟鼓轮导轨实际安装效果图

经过长时间试验显示，该设计对细支烟因鼓轮风槽特性、烟支收拢力过大导致的烟支皱褶有着明显的改善效果，细支烟成品抽检中烟支皱褶率下降了 85%，降幅明显，效果良好。其余如搓烟轮和最终过烟轮的承烟槽改进设计与捕烟轮相同，在此就不再赘述。

第二讲

新型接装纸适用性改进

一、问题描述

为了提升卷烟品牌，烟草企业开始将文化元素（如传统文化、地域文化等元素）更深入地融入卷烟产品的外观设计，旨在提升卷烟品牌价值和市场竞争力。自2010年起，条盒、烟盒的设计已不再是唯一的品牌形象展示窗口，卷烟本身的外观设计也开始受到重视。

在卷烟的三纸一棒中，接装纸的外表面成了新的品牌特色展示地，越来越多的品牌图案被应用在接装纸上。加工工艺也日益丰富，如凹印、复合、镀膜等。然而，相较以往的接装纸，这些经过特殊加工的接装纸在内部结构、厚度、吸胶性等方面都发生了明显的变化，在低速运行时尚能保障产品质量，但在高速运行时会产生一定概率的质量缺陷，最常见的有长短不一、搭口翘边、细微皱褶等（见图10）。这些产品质量缺陷很难被剔除装置有效检测并剔除，且多为B类质量缺陷，对产品质量提升造成巨大的隐患。此类问题统称为滤嘴接装纸上机适用性差。

图 10　长短、翘边、细皱多属于 B 类质量缺陷

针对上述疑难问题，我们总结出了一套改进方法，经过长时间实际应用，效果非常显著，可根据实际情况灵活应用。

二、滤嘴接装纸长短不一的改造方案

滤嘴接装纸长短不一多发生于表面极其光滑的接装纸类型（见图 11）。镭射转印接装纸的材料特性致使其外表面非常光滑，在接装纸传输过程中极易产生跑偏现象。尤其是接装纸架和导纸路线中各类导纸辊大多数情况下是与外边光滑面进行接触，在接装纸架转动或接装纸拼接的过程中，接装纸所受牵引力的变化导致接装纸在导纸辊上产生位置偏移，从而出现接装纸长短不一的现象。值车工在每次接装纸架转动或接装纸拼接的过程中需要反复调整接装纸位置，这也导致大量不合格品，使得产品质量出现很大的隐患。

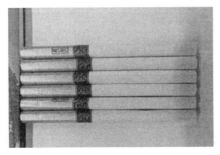

图 11　光滑的接装纸经常会出现长短不一的现象

1. 原因分析

目前的国产主力卷烟机（ZJ17、ZJ112、ZJ118），在滤嘴接装纸的供纸路线上只有一个限位装置，且位于供纸路线中段（见图 12），本身对接装纸的限位就控制不足。另外，国产卷烟机在运行时，接装纸会有自动拼接动作，纸盘架会进行 180° 的转动位移，在这个过程中，极易发生张力变化，导致接装纸跑偏。

图 12　接装纸仅在位置调节器处带有限位装置

2. 解决方案

（1）设计自带导向归位功能的导纸辊

我们设计了一款自带导向归位功能的导纸辊，导纸辊两侧带有圆弧辊面。在旋转的导辊作用力下，接装纸在传输的过程中始终保持在中心

线位置，进而使接装纸位置不发生偏移。图 13
为导纸辊的 3D 建模图。我们利用 3D 打印技术对
该模型进行切片建模，再通过 3D 打印机进行 3D
建模。该导纸辊实物图如图 14 所示。

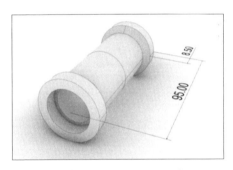

图 13　导向归位导纸辊 3D 建模图

图 14　导纸辊 3D 打印实物图

（2）设计接装纸定位块

接装纸导纸辊的优化改进解决了接装纸传输过程中在接装纸架至椭圆辊阶段跑偏的这一现象，但是接装纸在之后的传输过程中，经过切纸鼓轮及切纸刀区域时依旧会发生跑偏现象。为解决这一问题，我们还设计了一款接装纸定位块，其设计目的是为保证接装纸在通过接装纸鼓轮时位置不发生跑偏。该接装纸定位块建模图如图 15 所示，由两个定位块及一根传送轴组成，安装在切

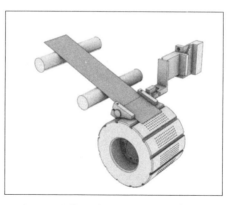

图 15　接装纸最终定位块 3D 建模图

纸轮上方，保证进入切纸轮的接装纸位置不发生偏移。图16为接装纸定位块的上机实物图。

图16　接装纸定位块现场安装图

将导纸辊及接装纸定位块上机安装并反复试验，发现接装纸在设备运行过程中的跑偏现象得到了很好的控制，基本解决了接装纸位置偏移的问题，杜绝了接装纸长短不一的现象出现。

三、滤嘴接装纸翘边的改造方案

接装纸的作用是将滤嘴棒和烟支组包裹起来。

在日常的生产中，很多印刷精美、做工考究的接装纸经常会出现底部翘边的现象（见图17），而以往的老式接装纸则没有此类问题。这种属于B类产品质量缺陷，会直接被要求停机整顿。

图17　接装纸印刷图案导致翘边现象

1. 原因分析

分析质量缺陷烟支，我们认为以下短板造成了滤嘴接装纸底部翘边的现象。

（1）胶辊涂胶宽度小于接装纸宽度。理论上为了保障胶液不外溢，原装机组控胶辊涂胶区的宽度均为接装纸宽度减1mm。但是随着产品质量要求的提升，这1mm无胶区会导致接装纸被剥开，因而需要根据新形势进行改进，增加涂胶区宽度。

（2）由于接装纸表面印刷了很多图案，导致图案区的吸胶性较差，而由于胶辊涂胶区胶膜厚度不足，进一步产生接装不良现象。这种情况应根据接装纸的情况来改进涂胶区胶膜厚度（见图 18）。

图 18　接装纸升级后直观感受

（3）接装纸自卷曲现象严重。为了更好地展现镭射接装纸的光彩，在加工时会将镭射膜上的镭射图文转移到纸张上，形成镭射转印纸再印刷在接装纸上。这一特殊的加工工艺特性，也导致原接装纸与镭射转印纸存在不同的纸张力，进而在卷曲包装成型的过程中造成接装纸侧面存在卷曲现象（见图19），而这种卷曲与我们要求的卷曲方向刚好相反，接装纸预卷效果太差，导致裁切后的接装纸不能达到预卷的效果（见图20），在搓接

图19　接装纸两边涂胶区发生卷曲

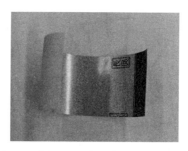

图20　裁切后接装纸卷曲方向不正确

时产生应力，导致接装不良，对此应该增加接装纸刮刀或加强接装纸预卷器的效果。

2. 解决方案

（1）根据以上分析的结果，我们认为是涂胶器存在设计短板，故对其进行改进。我们根据实际质量需求，对涂胶器的涂胶区进行扩宽，使涂胶区完全等同于接装纸的宽度，保障接装纸能够全面涂胶、不留死角。以往的控胶辊为平胶辊，胶膜厚度 0.025mm，我们将涂胶器的控胶辊重新设计，使关键部位的胶膜厚度变大。

如图 21 所示，为了确保接装稳定性，对控

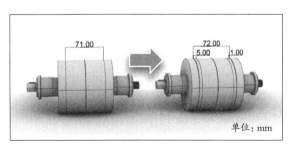

图 21　控胶辊改进示意图

胶辊两侧分别设计了加强区。该区域宽度应根据接装纸端部图案进行改变。图 21 中该区域宽度为 5mm，则胶膜厚度为 0.035mm，这种状态的上胶器基本可以满足大部分使用新型接装纸的产品质量需求，确保粘贴牢固。

（2）为了确保接装纸在进入搓接单元时满足预卷需求，必须在进入涂胶装置之前的关键部位增加设计一个刮刀（见图 22），利用两端的拉力，使接装纸经过刮刀时产生塑性变形，从而达到预期的预卷效果。

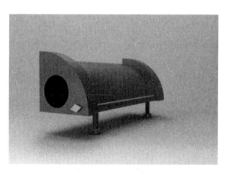

图 22　预卷刮刀安装示意图

　　如图 23 所示，通过多方比对，我们发现在接装纸位置调节器处加装刮刀最为简便，且不会破坏设备结构，刚好在进入涂胶器之前对接装纸进行了一次拉毛和预卷动作。经过这一操作，可以明显看出接装纸的预卷效果达到了预期（见图 24）。

图 23　预卷刮刀安装实物图

（a）加装刮刀前　　　　　（b）加装刮刀后

图 24　接装纸预卷效果对比图

四、滤嘴搓接后细微皱纹的改造方案

1. 原因分析

新型接装纸宽度基本都在 72mm 左右，而老式接装纸宽度仅有 60mm，宽度的增加导致接装纸在搓烟轮表面平整度降低，从而在搓接后产生细微的皱纹（见图 25~ 图 26）。如果能够保障接

图 25　成品烟中偶有接嘴皱纹

图 26　搓烟轮表面的接装纸不平整

装纸在搓烟轮表面的平整度，就可以解决这个问题。

2.改进方案

我们针对滤嘴搓接后细微皱纹的问题展开研究。经观察分析发现，搓烟鼓轮上的负压孔不能完全将接装纸片吸附平整，导致交接至搓烟轮后出现皱纹烟支（见图27）。

图 27　搓烟轮表面风孔布局不合理导致接装纸不平整

造成这种现象主要是因为老式接装纸宽度较小，可以被负压吸附平整，而新式接装纸宽度增加至 72mm，原有的 6 个负压孔难以将接装纸片吸附稳定。为了解决这一问题，我们需要增加吸附孔数量从而提升吸附力，因此在搓烟鼓轮上增加一列负压孔，使得裁切后的接装纸片能够平整交接，以此降低搓接时接装纸表面产生的皱纹现象（见图 28 ）。

图 28　增加负压风孔可确保接装纸平整

五、实施效果

通过以上改进，接装纸适应性差的问题基本得到了解决，尤其是对于偶发性 A、B 类产品质量缺陷的控制效果非常明显。

第三讲

滤嘴接装纸区域新型烟末清除装置的设计

一、问题描述

在日常生产中，烟支滤嘴接装纸内不可避免地夹杂一些烟末。2010 年以前，我国的烟支滤嘴接装纸基本都是表面呈磨砂状的深色纸张，在这种情况下，即便烟支滤嘴接装纸内夹有烟末，也不易被消费者察觉，因此当时的相关产品质量判定标准都没有对此进行设定。

近年来，随着烟草行业对产品形象标准和质量标准的不断提升，滤嘴接装纸的品类也更加多样化，开始出现浅色超薄接装纸、珠光镀膜接装纸。此类滤嘴接装纸的透光度、反光度发生变化，导致其内部一旦有烟末夹入，视觉上会非常明显（见图 29）。因此，烟支滤嘴接装纸内夹烟末问题被国内很多烟草企业列入企业质量标准中，一般将其判定为 C 类质量缺陷，严重时会升级为 B 类质量缺陷，批量产生时将勒令企业停产整顿。

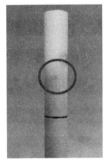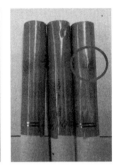

图 29   接装纸内明显可见烟末，影响品牌形象

由于当时没有滤嘴接装纸内夹末这一质量标准，因而国内的卷烟机在设计之初均未考虑如何消除关键区域的烟末。以下所介绍的滤嘴接装纸搭接区域负压除尘罩，其作用就是将滤嘴、烟支、接装纸三者搭接、搓接部分的烟末利用负压进行有效吸除，从而保障烟支接装质量符合新的质量要求。本装置没有对设备进行破坏性改造，仅取消了原有的切纸刀防护罩。通过对滤嘴接装纸搭接区域进行空间绘制和计算，针对性地设计了一套完全贴合于相关传送部件的负压吸尘罩，

借用机组自带的负压接口，将切纸刀上的胶末和搭接区域内飞溅的烟末进行吸除，并兼顾到安全性和耐用性。最终采用 3D 打印技术来实现成品的制作，降低机械加工的难度和成本。此装置经上机长期使用，效果良好。因此，本项发明非常符合企业对滤嘴接装后产品质量的要求，具有极高的推广性。

二、原因分析

　　现有的国产高速卷烟机为了提升车速，都是使用双刀双切的方式生产出双倍长烟支。双倍长烟支被蜘蛛手总成输送到接装机后，会再次被分切成单倍长烟支，然后单倍长烟支会被分离鼓轮分开一段距离，以确保能够放入下一段双倍长滤嘴段。此时就形成了一个没有接装纸的烟支组。在这个分切的过程中，由于分切、交接、旋转等作用力，不可避免地产生了大量的烟末（见图 30）。

图 30　停机后可以在搭接区域发现有很多烟末

由于搭接区域内切纸鼓轮是顺时针旋转，而下方的靠拢鼓轮是逆时针旋转，靠拢鼓轮会带着烟支、烟末迎面与切纸鼓轮表面被裁剪的接装纸进行接触，飞散的烟末也就顺势粘在了接装纸的内表面，进入下段工序进行搓接，于是就形成了接装纸内夹末现象（见图 31）。

目前行业内也针对这个问题做了一些改进，其原理都是在图 31 中的矩形交汇区域附近设计

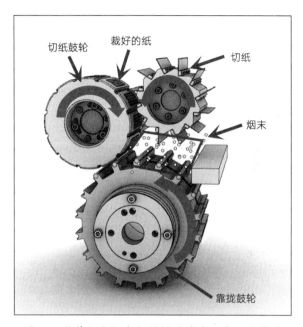

图 31　接装纸与烟支组搭接区域内烟末无处释放

除尘装置，主要有以下两种，见图 32、图 33。

这两种改进方式存在以下两个缺点：

（1）老式的接装纸烟末吸除装置对靠拢鼓轮的浮圈调节装置进行改进，破坏了原有的设备结构，且价格相对较高，每组设备的改进价格超过

图 32   老式的接装纸烟末吸除装置

图 33   利用切纸刀防护罩改装的接装纸烟末吸除装置

10万元，项目执行周期长，不适合大面积推广。

（2）切纸刀防护罩改进的拼装纸烟末吸除装置对切纸刀防护罩进行了破坏性改进，且由于采用钣金和焊接工艺，很难做到精准造型和精确定位，加之切纸刀防护罩是开放性质的，四处漏风，负压吸风传达到关键部位的风压很低，效果不理想。

我们从经济性、实用性、可靠性多方面进行考虑，最终决定设计一款新型的负压除尘罩，并且采用 3D 打印的方式来解决滤嘴接装纸内夹烟末的现象。

三、滤嘴接装纸搭接区域负压除尘罩设计思路

针对上述问题，设计一款新型的滤嘴接装纸搭接区域负压除尘罩，需要考虑的是不破坏原有设备结构，且具备安全性高、可靠性好、便于加工，利用设备自带的负压对烟末进行吸除。其工作原理如图 34 所示。除尘罩有切刀胶末吸除面和飞溅烟末吸除面两个主要工作面，这两个工作面分别与切刀外圆和靠拢鼓轮同心，且与相关物

件之间保持一定的间距，避免发生碰撞。负压吸风从吸风接入口进入后，作用到这两个工作面的负压孔上，将飞溅的烟末和掉落的胶末全部吸除，这样接装纸搭接后就不会有烟末粘在接装纸内侧了。

图 34　负压除尘罩工作原理图

四、滤嘴接装纸搭接区域负压除尘罩的设计与制作

我们首先测绘了切纸刀、切纸鼓轮、靠拢鼓轮等区域内的重点鼓轮尺寸，并绘制了三维影像，为精确定位三者之间的空间位置做准备。

通过在鼓轮端部做标记点的方式，实际测量各轮体之间的相对位置，然后在 rhino 软件中对各轮体进行精确定位，并多次反复验证，从而获得滤嘴接装纸搭接区域所剩的实际空间大小（见图 35）。

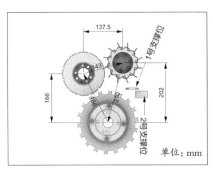

图 35　搭接区域关键部位相对位置图

根据搭接区域所剩空间，结合设定的功能需求，采用 rhino 软件设计了全新的负压除尘罩，经过三次测试，最终定型（见图 36）。

负压除尘罩

图 36　新型负压除尘罩外观定型图

新型负压除尘罩具有以下五个特点：

（1）负压除尘罩的烟末吸除面与汇合鼓轮同心，能够保障不与烟支接触，并有效进行烟末吸除。同时设计了烟支缓冲区，防止夹烟末后对设备造成损坏（见图 37）。

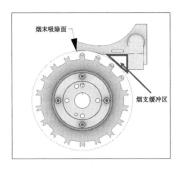

图 37 负压除尘罩烟末吸除面与烟支缓冲区示意图

（2）负压除尘罩烟末吸除面有直径为 5mm 的风孔，呈 9×6 格式进行阵列，覆盖面积超过 70mm²，且风孔存在一定角度，与烟末的飞溅路径基本吻合，这样能够进一步提升负压对烟末的清理效果（见图 38、图 39）。

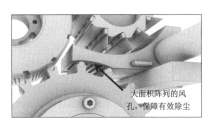

图 38 负压除尘罩烟末吸除面示意图

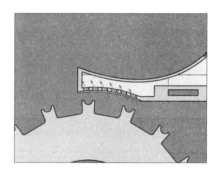

图 39　除尘风孔存在一定角度

（3）负压除尘罩的胶末吸除面与切纸刀同心，且间隙为 1~1.5mm，其表面开有负压吸风槽，用来收集切纸刀上掉落的胶末（见图 40）。

图 40　胶末吸除面与切纸刀相对关系示意图

（4）在安装稳固方面，负压除尘罩采用了三点定位的方式，所有固定支架及支点都是借用原机上存在的物体，无须特别改进。三点定位的方式确保了该装置在安装使用时的稳固性和安全性（见图41）。

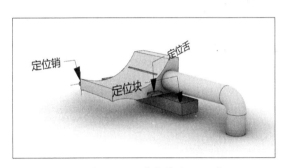

定位销　　定位舌

定位块

图41　负压除尘罩安装定位示意图

（5）将设计好的负压除尘罩模型导出为 stl 格式，采用 cura 切片软件略作调整即可。由于该负压除尘罩不参与运动，因而其内部支撑不用太多。经我们测试，采用此方式打印效果较好（见图42）。

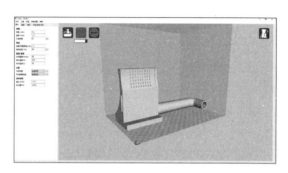

图 42   cura 切片时模型摆放示意图

五、实施效果

我们对装置的三维空间做了充足的测算和大量的测试，所设计的这款负压除尘罩具有安装、拆卸极其简单，固定效果良好及本体牢固耐用的优点。通过 3D 打印机对其进行 3D 建模，其实物图见图 43。

经上机验证，烟支接装纸夹末现象得到了有效控制。滤嘴接装纸内的夹末发生率从改进前的 2% 降至 0.07%，超过了企业的质量标准，为产品质量提升打下了良好的基础。

图 43　上机安装的实际效果图

第四讲

激光打孔装置拨烟辊结构改造

一、问题描述

近年来，烟草行业为提升吸烟时的柔和口感并降低烟气中的有害物质，进行了大量的研究。研究结果表明，接装纸透气度越高，烟支通风率越高，而有害物质也会明显降低，因而前期各生产厂家都采用由辅料厂家进行预打孔的接装纸进行卷烟生产。但是这种方式较为死板，接装纸上预打孔的大小和数量都不可控，无法满足企业不断变化的生产需求。

为此，生产烟机厂商设计并研发了激光打孔装置，利用在线激光打孔设备改变烟支通风率，从而降低烟气中的烟碱量、焦油量和一氧化碳量。但是，使用在线激光打孔装置之后，经常在跑道中发现烟支接装纸被剥开的现象（见图44），虽然该缺陷属于C类质量缺陷，但随着行业对产品形象标准和质量标准的不断提升，对出现的批量性缺陷必须立刻进行整改。

图 44　接装纸翘边及皱褶缺陷示意图

激光打孔装置目前有两种形式，分别是面对鼓轮 3 点钟方向、12 点钟方向两种工位进行打孔。这两种装置的原理是相同的，只是结构和打孔位置略有不同。如图 45 所示，我们以 3 点钟方向激光打孔器为例，其工作原理就是利用拨烟辊将轮槽内的烟支拨出，并由拨烟辊带着烟支在打孔轮表面进行滚动，在滚动的过程中完成对烟支的激光打孔流程。

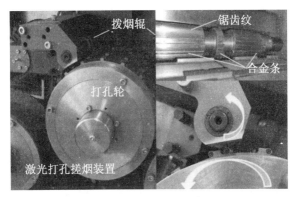

图 45　激光打孔装置结构图示

二、原因分析

　　卷烟生产过程中，我们会发现在带有在线激光打孔的设备上，即使对供胶装置的胶膜厚度进行了加强，生产中仍然会频繁出现接装纸搭口被剥开的现象。这种现象与以往的翘边现象不同，其被剥开的部位非常统一，且经检查有明显的胶液涂层，因而可以判断是新增加的激光打孔装置造成了烟支接装纸搭口被剥开。

　　首先，拨烟辊和打孔轮之间的间隙相对于烟

支压缩量为烟支直径－（0.4~0.6mm），且合金条的表面尺寸高于锯齿纹面 0.5mm。这样一来，合金条对烟支组的压缩量最大就可能超过 1mm。接装过程中，在合金条与锯齿纹的作用下，双倍长烟支在自转过程中产生一定的压缩量，导致拨烟辊上接触烟支的合金条与锯齿纹有一定的概率将接装纸搭口剥离，产生接装纸翘边现象（见图 46）。

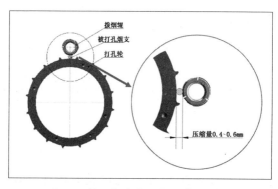

图 46　拨烟辊与打孔轮的相对关系

其次，拨烟辊与激光打孔轮旋转方向都是逆时针方向，接装纸搭口的反剥作用力更明显。在激光打孔装置工作区域，烟支旋转方向与拨烟辊旋转方向相反。拨烟辊在旋转过程中，其结构表面上的合金条和锯齿纹会将接装纸搭口剥开，导致接装不良现象出现（见图 47）。

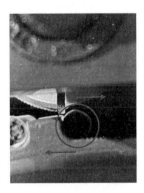

图 47 拨烟辊搓转烟支时的受力方向

最后，由于接装纸表面存在印刷图案，长期运行后，会在拨烟辊和打孔轮表面形成一层厚厚的污垢，导致拨烟辊和打孔轮的间隙更小，进一步增加了接装纸被剥开的概率（见图 48）。

图 48   拨烟辊与接装纸接触部位明显有污垢残留

三、激光打孔装置拨烟辊改进方案

在线激光打孔装置中，拨烟辊结构设计有前后两段式和一体式两种。从机器同步的角度来看，一体式的拨烟辊效果更好，因而大多数厂家使用的都是一体式的拨烟辊。我们只需将拨烟辊与接装纸接触的部位全部进行车削，使该部位与烟支组不发生接触就可以了。

按照改进思路对激光打孔搓烟装置拨烟辊结构进一步改进：先是测绘双倍烟支接装纸部位和拨烟辊的接触区域具体尺寸，确认原拨烟辊与接装纸接触部位区域，确定拨烟辊上的合金条及锯齿纹会与烟支产生 46mm 的接触线，造成烟支搭口剥离现象，故需对其进行磨削加工。经过多次试验，确认将该区域拨烟辊直径磨削掉 3mm，双倍长烟支组在经过激光打孔装置拨烟辊时，其接装纸部位完全不受搓挤的作用，避免拨烟辊合金条与直纹面的反剥作用，消除该部位烟支接装不良问题发生的条件，从而有效地提升烟支的接装质量（见图 49）。

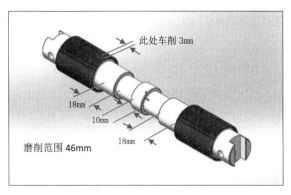

图 49　拨烟辊改进实测尺寸图

按照上述改进方案，将新加工的拨烟辊上机安装，经开机验证，使用效果良好，既能保证双倍长烟支经搓烟位置时的搓拨自转功能不受影响且未发生位置偏移现象，满足在线激光打孔的工艺任务要求，又消除了卷烟接装纸部位搭口剥开的不良现象，提高了设备运行效率，完全解决了翘边的故障问题。图50为改进后的拨烟辊上机实际效果图，经过长期测试运行效果，确认改进效果良好，具备推广价值。

图50   拨烟辊上机安装实际效果图

四、拨烟辊与打孔轮调节工装的制作

拨烟辊与打孔轮之间的间隙为烟支直径 –（0.4~0.6mm），在实际生产中，仅仅依靠一根圆柱形量棒来完成此处的调节。这种做法非常难以把控，且耗时费力，因为从设备结构的角度来看，当需要测量两个鼓轮之间的间距时，仅凭一根量棒，很难保障量棒与两个圆柱体的同轴度（见图 51）。

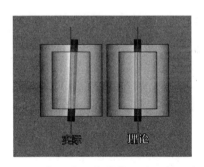

图 51 实际应用中量棒很难保持同轴

为此，我们专门设计了快速调节工装，其原理是符合打孔轮外径的筒状切片（见图 52），这样一来，调整时只需将该工装紧贴打孔轮表面插入，即可像塞尺一样对激光打孔装置的间隙进行测量。同时可以将工装直接放置在打孔轮表面，将拨烟辊向下调整至紧贴工装即可完成，操作方便快捷。

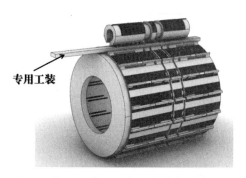

专用工装

图 52　专用工装可保障测量精度与稳定性

五、实施效果

通过以上对激光打孔装置的改造，可以有效降低新型外挂装置对产品质量的负面影响。该改造方案经过长期使用，效果非常稳定。

第五讲

最终分切机构的提升改造

　　最终分切机构的工作流程是将流入其工作区域的双倍长滤嘴烟支分切为两只等长的成品烟支的过程。其工作原理为双倍长滤嘴烟支经过第二分切鼓轮，在4片烟支导轨的夹持下，分切圆刀旋转对烟支进行切割，完成成品烟支加工过程。

　　但是，为了满足消费者多元化的需求，各卷烟生产加工企业不断引进新型接装材料，而新型滤嘴棒及接装纸的使用对烟支分切效果影响很大。以下将针对镭射转印接装纸及二元复合滤嘴棒的材料性能进行研究，进而完成对最终分切机构的提升改造。

一、新型接装材料简介

　　现如今，市场上多样化的卷烟产品层出不穷，烟支外观、接装纸材质、滤嘴棒结构等方面变化很大，尤其是新型接装材料的使用使烟草市场百花齐放。但是新型接装材料的使用也造成了一系列的烟支接装问题。我们以采用了镭射转印接装纸及二元复合滤嘴棒的中细支（φ6.37，下文统称中细支）卷烟作为研究对象，其所用的新型接装材料简介如下。

1.镭射转印接装纸

采用镀膜植绒新型工艺，接装纸颜色更为鲜亮，表面也更显光滑，大幅提高了卷烟的外观品质（见图53）。

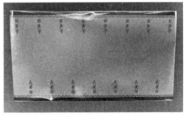

图 53　新型接装纸表面光滑，图案众多

2.二元复合滤嘴棒

由两段滤棒及一段六棱形嘴棒（异形段中空、镂空形状）组成。由于滤嘴内部中空结构的特殊性，消费者能感受到更多层次的烟气变化，使烟气的吸味触觉更加丰富（见图54）。

图 54　二元复合滤嘴棒

二、烟支切口翘边现象的分析与改造

由于使用了新型接装材料二元复合滤嘴棒，生产中经常出现烟支切口翘边现象（见图55）。

图 55　烟支切口端翘边示意图

1. 原因分析

（1）接装纸存在无胶区，接装机控胶辊中间部位设计了便于切割的无胶区区域，其作用是保障最终分切刀的清洁。图 56 为控胶辊与上胶辊的无胶区，其宽度为 1.5mm。该无胶区是接装机原机设计时就自带的功能，这就使得接装纸在最终分切时天然地形成了一段粘贴不牢的部位（见图 57）。

图 56　控胶辊无胶区示意图

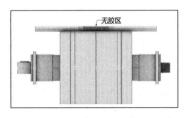

图 57　无胶区对应烟支部位示意图

（2）异型滤嘴棒导致起始粘贴不牢靠。特殊复合滤嘴棒结构为六棱形，每两个棱边之间有一个镂空区域。在烟支经过搓板时，若烟支搭口刚好落在镂空区域，则该烟支搭口接装不紧实。控胶辊无胶区宽度又造成烟支搓接后接装纸靠近滤嘴端均有 0.5mm 无胶区域，烟支切口轻轻一拨就会产生翘边现象（见图 58）。

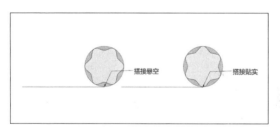

图 58　六棱型滤嘴棒无法避免搭接悬空现象

（3）切刀转向与滤嘴接装纸搭口呈反向，再结合圆刀转向问题，圆刀旋转切割过程中会迎面将缺少胶液的搭口剥开，导致出现烟支切口端翘边现象。

2. 改造方案

为了确保切口处的接装纸能够粘贴牢固，理论上就需要去掉控胶辊中的无胶区，如图59所示。先期经过手工研磨的方式，将控胶辊的无胶区磨掉进行试验。试验结果证明，没有无胶区的控胶辊搭口粘接效果好，不会轻易出现切口翘边现象，但第二分切刀脏污较快。

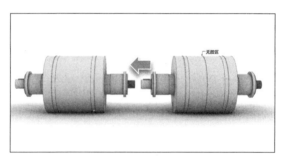

图 59　取消控胶辊无胶区示意图

为了保证控胶辊研磨参数的准确性与规范性，我们自主研发了一款控胶辊研磨工装（见图60）。这款工装可以针对不同加工参数对控胶辊进行不同位置、不同深度的研磨加工，既可以进行无胶区研磨，又可以增大任意区域的控胶辊供胶量，并且实现了精准化供胶方式，解决了手动研磨控胶辊带来的供胶不均匀现象。其结构原理也相对简单，就是利用电钻带动砂轮转动、匀速转动控胶辊即可对控胶辊进行研磨。

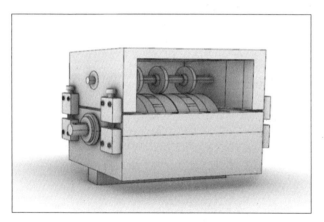

图 60　控胶辊研磨工装设计

我们利用控胶辊研磨工装对控胶辊无胶区进行研磨。先通过对无胶区的宽度和高度进行测量，利用工装内砂轮对其进行研磨，研磨至无胶区与控胶辊直径一致。图 61 为控胶辊研磨后的实际效果图。将此控胶辊进行上机验证后发现，控胶辊分切搭口处无干边现象，烟支翘边问题得到有效控制。

图 61　取消无胶区控胶辊实际效果图

此外，我们通过对故障现象分析发现，烟支切口翘边现象主要是由于烟支转动方向与圆刀转向相反，在切割过程中滤嘴镂空处的搭口会被圆刀剥开（见图 62）。

　　因此，我们通过改变电机轴输出转向将圆刀反转，使烟支转动方向与圆刀转向相同。这样在烟支切割过程中，圆刀不但不会对烟支搭口产生剥离效果，反而会给烟支搭口一定的压力将搭口粘贴紧实（见图 62）。此改动不仅解决了烟支切口翘边现象，还将接装纸搭口粘贴得更牢靠。

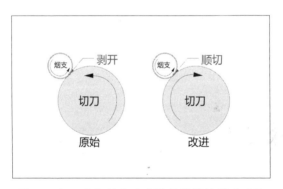

图 62　切刀电机转向改变降低接装纸剥开风险

三、复合型滤嘴棒切口毛渣现象的分析与改造

　　国内通用的复合型滤嘴棒分切端口呈六菱形梅花状，此段硬度远超平常滤嘴棒，开机 10 分

钟后，刀口就会明显产生毛渣和切割不良的现象。其滤嘴棒分解图及烟支毛渣现象如图63所示。并且圆刀磨损速度很快，单班更换圆刀次数达到六次，而在以往常规滤嘴棒的使用过程中，圆刀基本是每单班更换一次。这在无形中也造成了零备件的消耗过大。

图63　烟支毛渣现象示意图

1. 原因分析

面对二元复合滤嘴棒硬度高这一特点，我们对设备结构进行了分析，认为目前存在以下缺点：

（1）最终分切刀刀片厚度为 0.6mm，当其切割硬度过大的二元复合滤嘴棒时，切割阻力过大，刀片会产生震颤现象，导致切口产生波浪和毛渣。

（2）最终分切刀转速太低，面对材质较硬的滤嘴棒时切割效果不佳。

（3）由于取消了控胶辊的无胶区，这导致最终分切刀容易粘胶，进一步造成刀刃变钝，切割效果变差。

2. 改造方案

针对以上问题，我们提出了将切刀系统改进为更轻薄、更快速、更稳定、自清洁的切刀系统（见图 64）。

（1）提升切刀电机转速

提升圆刀转速，可以有效解决刀口毛渣和切割不良的现象。现有的电机设备使圆刀额定转速

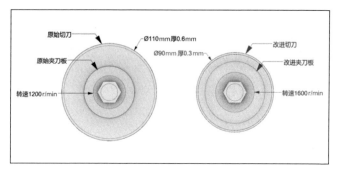

图 64　切刀机构改进方案

为 1200r/min，通过试验考虑将其提升至 1600r/min
以上。只需通过计算传动比，减小电机带轮尺
寸，就可以达到圆刀提速效果（见图 65）。

（2）减小切刀直径，加大夹刀板直径

原始切刀直径为 110mm，厚度为 0.6mm，在
切割时阻力过大，不可避免地产生震颤现象。改
进后采用直径 90mm、厚度为 0.3mm 的圆刀，同
时将前后夹刀板直径扩大（见图 66），使圆刀在
高速旋转时能够保持稳定的状态。经试验，切口
效果良好，未再发生切口产生波浪以及切刀产生

图 65　通过改变带轮大小提升转速

图 66　采用轻薄切刀，加强夹刀板

震颤的现象。

（3）设计切刀自清洁机构

针对圆刀积胶现象，我们利用原有的磨刀砂轮机构进行改进，设计了一套切刀自清洁装置（见图 67）。其工作原理如下。

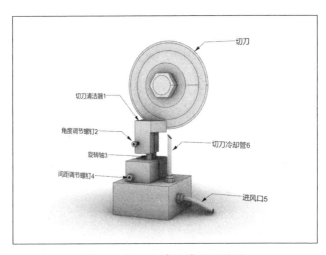

图 67　切刀自清洁装置设计图

切刀清洁器 1 表面呈铲刀状，其锋利的铲刀面可以和切刀表面接触，用来清除切刀表面的残胶。切刀清洁器 1 与切刀表面的夹角可以用角度螺钉 2 来调节。调节时，切刀清洁器 1 围绕旋转轴 3 进行旋转，从而保障以最佳的切入角与切刀接触，达到有效清理的效果。为了增大调节范围，固定清洁器的底座被分为两个部分，可以通过间距调节螺钉 4 实现对切刀远近距离的控制；同时，为了保障清洁效果，降低刀片温度，可以将压缩空气或者冷空气引入进风口 5，由切刀冷却管 6 吹出，对切刀实施降温。

四、烟支滤嘴端压痕现象的分析与改造

近年来，中细支卷烟逐渐开始大规模生产。但在生产的过程中，我们发现在烟支的滤嘴端总是有一道淡淡的压痕（见图 68），这类现象已逐渐被各企业设定为 D 类质量缺陷。

1. 原因分析

如图 69 所示，为了保障烟支切割长度以及

图 68　烟支表面压痕示意图

图 69　分切导轨的压缩位置与压痕相吻合

切口效果，烟支在切割时是不能转动的，因而按照设备调整要求，最终分切导轨应该对烟支有至少 0.3mm 的压缩量。但是由于采用的接装纸表面光滑问题和滤嘴棒特性，导致最终分切导轨在现有的压缩量调整标准下对烟支产生压痕并无法及时回弹复位，造成明显的滤嘴端压痕缺陷。

而单纯的减少导轨对烟支的压缩量，势必会造成烟支在切割时旋转，导致长度偏差或者切口倾斜现象。

2. 改造方案

为杜绝这一烟支质量问题的产生，我们通过分析认为导轨对烟支的夹持力等于导轨与烟支接触面积与导轨压缩量的乘积，即：

导轨夹持力 = 接触面积 × 压缩量

也就是说，在保证导轨夹持力的前提下，增大接触面积就可以降低导轨压缩量对烟支造成的损害。因此，我们只需增加导轨与烟支接触的面积，降低至合理的压缩量，就可以较大限度地防止烟支表面压痕问题的产生。

导轨原始厚度为 2mm，原始压缩量为烟支直径 −0.3mm。经数次试验调整，我们最终将导轨厚度调整至 10mm，压缩量调整为烟支直径 −0.1mm，由此降低导轨对烟支滤嘴端的压痕。由于没有相应零备件，我们根据建模图形对新设计的导轨进行加工，并利用 3D 打印机对导轨进行 3D 打印完成其建模。如图 70 所示，经上机验证，设备运行稳定，未发生烟支压皱现象。通过对第二分切导轨的改进，可以消除切割时烟支转动造成的质量缺陷，满足改进目标要求。最终经质检部门检验，烟支压痕现象已彻底消除。

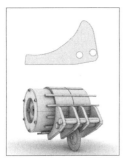

图 70　最终分切导轨改进示意图

后　记

　　作为一名从业超过30年的烟草行业一线工人、全国劳模以及创新工作室领衔人，我深深认识到了这个行业的厚重和使命——烟草行业不仅是一个经济产业，更是一个承载着社会责任和历史使命的行业。我为能在烟草行业中贡献自己的力量而自豪，同时也深感责任重大。每一支烟的背后，都是对品质的追求，对生活品位的呈现，我们肩负着将高品质产品送达消费者手中的使命。

　　近年来，烟草行业面临着巨大的挑战，在这个不断变化的行业环境中，创新是我们前进的动力。对我而言，工作不仅是职责，更是一种热情和追求。作为创新工作室领衔人，我时刻引领着团队积极探索、勇于创新。我们没有满足于过去的成绩，而是不停地研发新技术、新工艺，以应对市场的挑战和满足消费者的需求。我们深信，只有不断创新，才能在激烈的市场竞争中立于不败之地。

在培养技术力量方面，我清楚地知道，团队强大的力量背后是每个成员个人能力的提升。因此，我积极倡导团队成员参与技术培训，通过不断学习来提升自己的专业技能。我将自己数十年来积累的经验和技术传授给团队成员，希望帮助他们茁壮成长。此次技能专稿，也是我对自己近年来技术经验的一次梳理与总结。我坚信，只有保持开放的心态传承经验，我们的技术力量才能不断壮大，才能在市场的浪潮中屹立不倒。

我深爱我的本职工作，并以此为荣。我深爱创新工作，并以此为乐。我将以更加饱满的热

情、更加严谨的态度、更加专业的技术、更加高
效的管理，为我所在的烟草行业作出更大的贡献。

2024 年 6 月

图书在版编目（CIP）数据

祁磊工作法：国产高速卷烟机接装质量提升改造 /
祁磊著. -- 北京：中国工人出版社，2024.9. -- ISBN
978-7-5008-8517-7

Ⅰ. TS43

中国国家版本馆CIP数据核字第202436YP38号

祁磊工作法：国产高速卷烟机接装质量提升改造

出 版 人	董　宽	
责 任 编 辑	陈培城	
责 任 校 对	张　彦	
责 任 印 制	栾征宇	
出 版 发 行	中国工人出版社	
地　　　址	北京市东城区鼓楼外大街45号　邮编：100120	
网　　　址	http://www.wp-china.com	
电　　　话	（010）62005043（总编室）	
	（010）62005039（印制管理中心）	
	（010）62379038（职工教育编辑室）	
发 行 热 线	（010）82029051　62383056	
经　　　销	各地书店	
印　　　刷	北京市密东印刷有限公司	
开　　　本	787毫米×1092毫米　1/32	
印　　　张	3.5	
字　　　数	40千字	
版　　　次	2024年12月第1版　2024年12月第1次印刷	
定　　　价	28.00元	

优秀技术工人百工百法丛书

第一辑 机械冶金建材卷

100 ARTISANS AND 100 TECHNIQUES SERIES

郭玉明工作法
复吹转炉底吹的精准维护

100 ARTISANS AND 100 TECHNIQUES SERIES

金国平工作法
炼钢连铸设备智能化的运维与改善

100 ARTISANS AND 100 TECHNIQUES SERIES

李兵工作法
汽车发动机故障诊断与维修

100 ARTISANS AND 100 TECHNIQUES SERIES

李凯军工作法
压铸模具制造

100 ARTISANS AND 100 TECHNIQUES SERIES

林学斌工作法
连铸电气设备的点检

100 ARTISANS AND 100 TECHNIQUES SERIES

刘伯鸣工作法
带直段锥体的锻造与成形

100 ARTISANS AND 100 TECHNIQUES SERIES

刘更生工作法
京作硬木家具制作水磨、烫蜡技艺

100 ARTISANS AND 100 TECHNIQUES SERIES

潘从明工作法
萃取设备的设计与制造

100 ARTISANS AND 100 TECHNIQUES SERIES

裴永斌工作法
弹性油箱全自动数控加工技术

100 ARTISANS AND 100 TECHNIQUES SERIES

邵志村工作法
铜精矿火法的双闪冶炼

100 ARTISANS AND 100 TECHNIQUES SERIES

王树军工作法
设备的养护与修理

100 ARTISANS AND 100 TECHNIQUES SERIES

王万松工作法
热轧带钢板形的控制

100 ARTISANS AND 100 TECHNIQUES SERIES

温广勇工作法
玻璃纤维拉丝设备的维修与优化

100 ARTISANS AND 100 TECHNIQUES SERIES

文寨军工作法
低热硅酸盐水泥的制备及应用

100 ARTISANS AND 100 TECHNIQUES SERIES

徐成东工作法
肉眼秒判奥斯麦特炉渣含铅品位

100 ARTISANS AND 100 TECHNIQUES SERIES

郑久强工作法
转炉炼钢炉型的控制与操作

优秀技术工人百工百法丛书

第二辑 海员建设卷

蔡连财
工作法
半潜船浮装操作

常洪霞
工作法
公交安全驾驶与服务

陈宇航
工作法
大型管道装配

陈竹祥
工作法
汽车漆膜修补

程克辉
工作法
常用焊接操作技能

勾常春
工作法
盾构注浆
"制—运—注"
一体化集成系统

李燕肇
工作法
古建彩画颜料调制
及彩画工艺流程

廖明
工作法
地铁司机应急处置
技能培训

魏钧
工作法
焊接十步操作法

吴嘉军
工作法
桥梁伸缩缝微创技术

翟筛红
工作法
古建筑冰纹窗制作

竺士杰
工作法
远控集装箱岸桥操作法

优秀技术工人百工百法丛书

第三辑　能源化学地质卷

100 ARTISANS AND 100 TECHNIQUES SERIES

陈可营工作法

海洋油气生产绿色数智化设计与应用

100 ARTISANS AND 100 TECHNIQUES SERIES

程平工作法

钴基60硬质合金真空水冷堆焊

100 ARTISANS AND 100 TECHNIQUES SERIES

丁正江工作法

焦家式金矿预测勘查

100 ARTISANS AND 100 TECHNIQUES SERIES

华伶利工作法

松散地层钻进取心

100 ARTISANS AND 100 TECHNIQUES SERIES

黄兆亮工作法

航改型燃气轮机蜂窝封严钎焊修复

100 ARTISANS AND 100 TECHNIQUES SERIES

琚永安工作法

架空地线复合光缆的电动旋切

100 ARTISANS AND 100 TECHNIQUES SERIES

李辉工作法

用试验电压检测变电站一、二次设备交流回路整体组合工况

100 ARTISANS AND 100 TECHNIQUES SERIES

李祖锋工作法

抽水蓄能电站控制测量方案优化

100 ARTISANS AND 100 TECHNIQUES SERIES

刘清工作法

煤矿无人化智能开采控制系统

100 ARTISANS AND 100 TECHNIQUES SERIES

毛玉泉工作法

贵细中药材鉴别应用

100 ARTISANS AND 100 TECHNIQUES SERIES

齐名工作法

应用STC单片机

100 ARTISANS AND 100 TECHNIQUES SERIES

秦钦工作法

矿井安全监控设备辅助安装及故障分析处理

100 ARTISANS AND 100
TECHNIQUES SERIES

孙同根
工作法

S Zorb装置
优化

100 ARTISANS AND 100
TECHNIQUES SERIES

王月鹏
工作法

基于绝缘平台的
绝缘杆作业法

100 ARTISANS AND 100
TECHNIQUES SERIES

王跃
工作法

滴定分析的
判断与控制

100 ARTISANS AND 100
TECHNIQUES SERIES

杨新海
工作法

车载移动测绘技术
在实景三维成果
质量检验中的应用

100 ARTISANS AND 100
TECHNIQUES SERIES

杨义兴
工作法

油田修井现场
清洁生产
技术应用

100 ARTISANS AND 100
TECHNIQUES SERIES

游弋
工作法

煤矿供电系统
防晃电
设计与应用

100 ARTISANS AND 100
TECHNIQUES SERIES

余姝
工作法

高陡峡谷区
地质灾害调勘查